河南省工程建设标准

混凝土（砂浆）用抗冻防水合金粉
应用技术规程

Technical Specification for Application of
Antifreezing Waterproof Alloy Powder
Used in Concrete and Mortar

DBJ41/T 169—2017

主编单位：河南省建筑设计研究院有限公司
　　　　　黄河勘测规划设计有限公司
参编单位：河南科丽奥高新材料有限公司
　　　　　西平科丽奥高新材料有限公司
批准单位：河南省住房和城乡建设厅
施行日期：2017 年 6 月 1 日

黄河水利出版社

2017　郑　州

图书在版编目(CIP)数据

混凝土(砂浆)用抗冻防水合金粉应用技术规程/河南省建筑设计研究院有限公司,黄河勘测规划设计有限公司主编. —郑州:黄河水利出版社,2017.5
ISBN 978 - 7 - 5509 - 1771 - 2

Ⅰ.①混⋯ Ⅱ.①河⋯②黄⋯ Ⅲ.①防渗混凝土 – 防水砂浆 – 抗冻性 – 技术规范 – 河南 Ⅳ.①TU528.32 – 65

中国版本图书馆 CIP 数据核字(2017)第 108208 号

出 版 社:黄河水利出版社
　　　　地址:河南省郑州市顺河路黄委会综合楼 14 层　邮政编码:450003
发行单位:黄河水利出版社
　　　　发行部电话:0371 – 66026940、66020550、66028024、66022620(传真)
　　　　E-mail:hhslcbs@126.com
承印单位:河南新华印刷集团有限公司
开本:850 mm × 1 168 mm　1/32
印张:1.125
字数:28 千字　　　　　　　　　　印数:1—3 000
版次:2017 年 5 月第 1 版　　　　　印次:2017 年 5 月第 1 次印刷

定价:28.00 元

河南省住房和城乡建设厅文件

豫建设标〔2017〕25 号

河南省住房和城乡建设厅关于发布河南省工程建设标准《混凝土（砂浆）用抗冻防水合金粉应用技术规程》的通知

各省辖市、省直管县（市）住房和城乡建设局（委），郑州航空港经济综合实验区市政建设环保局，各有关单位：

由河南省建筑设计研究院有限公司、黄河勘测规划设计有限公司主编的《混凝土（砂浆）用抗冻防水合金粉应用技术规程》已通过评审，现批准为我省工程建设地方标准，编号为 DBJ41/T 169—2017，自 2017 年 6 月 1 日起在我省施行。

此标准由河南省住房和城乡建设厅负责管理，技术解释由河南省建筑设计研究院有限公司、黄河勘测规划设计有限公司负责。

河南省住房和城乡建设厅
2017 年 4 月 18 日

前　言

　　根据《河南省住房和城乡建设厅〈关于印发 2016 年河南省工程建设标准制订修订计划的通知〉》(豫建设标〔2016〕18 号)的要求,《混凝土(砂浆)用抗冻防水合金粉应用技术规程》编制组经广泛调查研究,认真总结实践经验,参考国家和其他省(自治区、直辖市)有关标准,并在广泛征求意见的基础上,经过反复讨论、修改,制定了本规程。

　　本规程共分 7 章,主要技术内容包括:总则、术语、基本规定、材料性能、抗冻防水合金粉混凝土、抗冻防水合金粉砂浆、质量检验和验收等。

　　本规程由河南省住房和城乡建设厅负责管理,由河南省建筑设计研究院有限公司、黄河勘测规划设计有限公司负责具体技术内容的解释。在执行过程中如有意见或建议,请寄送郑州市高新技术开发区瑞达路 96 号创业中心 2 号楼 A628,邮政编码:450007。

　　主 编 单 位:河南省建筑设计研究院有限公司
　　　　　　　　　黄河勘测规划设计有限公司
　　参 编 单 位:河南科丽奥高新材料有限公司
　　　　　　　　　西平科丽奥高新材料有限公司
　　主要起草人员:张金良　吴法辰　夏永丰　许闯阵　安　杰
　　　　　　　　　尚毅梓　房后国　杨　林　王卫民　侯保俭
　　　　　　　　　赵瑞娟　刘　辉　秦英军　郭林涛　刘进仓
　　　　　　　　　刘　河　王一真　王亚明　董占国　李　凯

胡永奎　李小波　张海英　张发刚　程新红
耿俊玲　师朝华　郭艳其

主要审查人员:冀文政　张　维　张承志　吴纪东　赵顺波
介红雷　李云龙

目　次

1 总　则

1.0.1 为规范混凝土(砂浆)用抗冻防水合金粉在混凝土和砂浆中的应用,改善混凝土性能,满足设计和施工要求,保证混凝土(砂浆)工程质量,做到技术先进、安全可靠、经济合理、节能环保,制定本规程。

1.0.2 本规程适用于抗冻防水合金粉在防水混凝土(砂浆)、抗冻融混凝土(砂浆)、结构自防水混凝土、大体积混凝土及有抗冻防水需要的混凝土构件中的应用。

1.0.3 抗冻防水合金粉在混凝土(砂浆)中的应用除应符合本规程外,尚应符合国家、行业现行有关标准的规定。

2 术 语

2.0.1 混凝土(砂浆)用抗冻防水合金粉:antifreezing waterproof alloy powder used in concrete and mortar

一种以铝、镁、钛、铬等多种金属为基料,经粉碎、研磨、气相沉积和飞溅镀膜而形成的具有憎水性能的多金属粉状固体薄片,分散于混凝土(砂浆)中,通过薄片效应,使混凝土(砂浆)具有抗冻防水功能。

2.0.2 薄片效应 sheet effect

是指抗冻防水合金粉分散到混凝土(砂浆)中,通过薄片阻挡和纤维牵引作用,形成"V"字形和"弓"字形的微空间结构,产生以合金粉拒水晶核为中心的空穴效应,显著降低混凝土(砂浆)渗水或因渗水而引起的冻融破坏。

2.0.3 抗冻防水合金粉混凝土(砂浆)antifreezing waterproof alloy powder concrete and mortar

是指掺加抗冻防水合金粉、具有显著抗冻防水功能的混凝土或砂浆。

3 基本规定

3.0.1 混凝土(砂浆)用抗冻防水合金粉的选用,应根据设计和施工要求选择。

3.0.2 抗冻防水合金粉应用时,应与胶凝材料具有良好的相容性,其掺量应经试验确定。

3.0.3 当不同供方、不同品种的抗冻防水合金粉与其他混凝土外加剂同时使用时,应经试验验证,并应确保混凝土(砂浆)性能满足设计和施工要求。

3.0.4 抗冻防水合金粉混凝土(砂浆)可在建筑防水工程中做一道设防,也可与其他防水材料复合多道设防。

3.0.5 抗冻防水合金粉混凝土用于非结构防水工程时,防水层厚度不宜小于60 mm。

3.0.6 抗冻防水合金粉砂浆用于室内防潮时,防潮层厚度不应小于20 mm。

3.0.7 抗冻防水合金粉砂浆不宜作为砌体结构中的砌筑砂浆。

3.0.8 抗冻防水合金粉使用过程所产生的粉尘、废水等污染物排放应符合相关规定。

4 材料性能

4.0.1 抗冻防水合金粉技术要求

抗冻防水合金粉的技术指标除应符合表 4.0.1 的规定外,尚应符合行业标准《砂浆、混凝土防水剂》JC 474 第 4.2 条、4.3 条中一等品的规定。

表 4.0.1 抗冻防水合金粉技术指标

项目		指标
外观		粉状、无杂质、无结块
细度(0.045 mm 方孔筛筛余)(%)		<15
厚度	平均厚度(μm)	<3.5
	最大厚度(μm)	<40
氯离子含量(%)		<0.05
碱含量(%)		<0.05
含水率(%)		<1.0
接触角(°)		>130

4.0.2 其他材料技术要求

除抗冻防水合金粉外,配制抗冻防水合金粉混凝土(砂浆)采用的水泥、骨料、水等材料应符合国家标准《地下工程防水技术规范》GB 50108 的规定。

5 抗冻防水合金粉混凝土

5.1 性 能

5.1.1 抗冻防水合金粉混凝土拌合物应具有良好的黏聚性、保水性和流动性。

5.1.2 抗冻防水合金粉混凝土的抗压强度、抗渗性、抗冻性、早期抗裂、抗侵蚀性等应满足设计要求。

5.1.3 抗冻防水合金粉混凝土技术要求除应符合表 5.1.3 的规定外,尚应符合国家标准《预拌混凝土》GB/T 14902、《混凝土质量控制标准》GB 50164 的规定。

表 5.1.3 抗冻防水合金粉混凝土技术要求

试验项目	性能指标
安定性	合格
抗压强度比(28 d)(%)	≥100
渗透高度比(%)	≤30
吸水量比(48 h)(%)	≤65
收缩率比(28 d)(%)	≤125
抗冻融循环比(%)	≥300

注:1. 安定性为受检净浆的试验结果,其他项目为受检混凝土与基准混凝土性能指标的比值;

2. 受检混凝土的抗冻防水合金粉掺量为混凝土胶凝材料的 2%。

5.1.4 当使用碱活性骨料时,抗冻防水合金粉混凝土中各类材料的总碱量(Na_2O 当量)不应大于 3 kg/m^3,氯离子含量应符合行业标准《普通混凝土配合比设计规程》JGJ 55 的规定。

5.2　配合比确定

5.2.1　混凝土配合比计算、试配、调整与确定应符合行业标准《普通混凝土配合比设计规程》JGJ 55 的规定,并应满足设计和施工要求。最大水胶比应符合国家标准《混凝土结构设计规范》GB 50010 和《混凝土结构耐久性设计规范》GB 50476 的规定。

5.2.2　抗冻防水合金粉掺量以胶凝材料总质量的百分比计,宜按表 5.2.2 选用。当混凝土其他原材料或使用环境发生变化时,混凝土配合比、抗冻防水合金粉掺量应经试验确定。

表 5.2.2　抗冻防水合金粉推荐掺量

强度等级	推荐掺量(%)
C60	$3 > W \geqslant 1$
C50	$4 > W \geqslant 2$
C40	$5 > W \geqslant 2$
C30	$6 > W \geqslant 3$

5.2.3　有以下情况之一,应重新进行配合比设计:

　　1　抗冻防水合金粉、胶凝材料、骨料等原材料的产地(厂家)、品种、性能等发生变化时。

　　2　对混凝土性能要求有改变时。

　　3　同一个混凝土配合比生产间断 3 个月以上时。

5.3　施　工

5.3.1　一般规定

　　1　抗冻防水合金粉应与其他材料分别储存,标识应清晰。

　　2　抗冻防水合金粉混凝土生产应符合国家标准《混凝土质

量控制标准》GB 50164 的规定。

3 抗冻防水合金粉混凝土施工应符合国家标准《混凝土结构工程施工规范》GB 50666 的规定。

4 大体积抗冻防水合金粉混凝土施工应符合国家标准《大体积混凝土施工规范》GB 50496 的规定。

5 抗冻防水合金粉混凝土冬季施工应符合行业标准《建筑工程冬期施工规程》JGJ/T 104 的规定。

6 抗冻防水合金粉混凝土在运输、浇筑过程中严禁向混凝土拌合物中加水。

5.3.2 抗冻防水合金粉混凝土生产应符合下列规定：

1 抗冻防水合金粉混凝土生产时，应监测砂石含水量、含泥量和泥块含量的变化。

2 原材料称量宜采用电子计量设备自动计量，严格按施工配合比进行。每盘原材料计量的允许偏差应符合表 5.3.2-2 的规定。

表 5.3.2-2　原材料计量允许偏差（按质量计）

原材料种类	水泥、矿物掺合料等粉剂	粗、细骨料	抗冻防水合金粉
允许偏差	±2%	±3%	±1%
原材料种类	拌和用水	外加剂	
允许偏差	±1%	±1%	

3 抗冻防水合金粉混凝土各原材料的投料顺序应满足混凝土搅拌技术的要求。

4 抗冻防水合金粉混凝土宜采用强制式搅拌机制备，搅拌均匀，混凝土的匀质性应符合国家标准《混凝土质量控制标准》GB 50164 的规定。混凝土搅拌的最短时间应符合表 5.3.2-4 的规定。

搅拌强度等级 C60 及以上的混凝土时,搅拌时间应适当延长。

表 5.3.2-4 混凝土搅拌最短时间 (单位:s)

混凝土坍落度	搅拌机机型	搅拌机出料量(L)		
		<250	250~500	>500
≤40	强制式	60	90	120
>40 且 <100	强制式	60	60	90
≥100	强制式	60		

5 抗冻防水合金粉混凝土应采用混凝土搅拌运输车运输,确保运输过程无分层、离析现象。

5.3.3 抗冻防水合金粉混凝土施工应符合下列规定:

1 抗冻防水合金粉混凝土宜连续浇筑,不宜留置施工缝。当留置施工缝时,留置时间宜小于混凝土的憎水性呈现时间;留置时间过长时,应采取凿毛、清洗、涂刷界面结合剂等。

2 抗冻防水合金粉混凝土宜采用机械振捣,振捣时应避免过振、欠振现象,终凝前宜采用机械抹面或人工多次抹压,抹面抹压后,应及时进行保湿养护。

3 抗冻防水合金粉混凝土用于地下工程时,细部构造应符合国家标准《地下工程防水技术规范》GB 50108 的规定。

4 抗冻防水合金粉混凝土保湿养护时间应符合《混凝土质量控制标准》GB 50164 的规定。

5 当抗冻防水合金粉混凝土处于大风、阳光直射的条件下时,宜采取保湿养护措施。

6 抗冻防水合金粉砂浆

6.0.1 抗冻防水合金粉砂浆性能除应符合表6.0.1的规定外,尚应符合国家标准《地下工程防水技术规范》GB 50108的规定。

表6.0.1 抗冻防水合金粉砂浆性能指标

试验项目	性能指标
安定性	合格
抗压强度比(28 d)(%)	≥90
透水压力比(%)	≥300
吸水量比(48 h)(%)	≤60
收缩率比(28 d)(%)	≤125
抗冻融循环比(%)	≥200

注:1. 安定性为受检净浆的试验结果,其他项目为受检砂浆与基准砂浆性能指标的比值;

2. 受检砂浆的抗冻防水合金粉掺量为砂浆胶凝材料的6%。

6.0.2 抗冻防水合金粉掺量以胶凝材料总质量的百分比计,应采用工程实际使用的原材料和配合比,经试验确定,试验推荐掺量宜为5%~7%。当砂浆其他原材料或使用环境发生变化时,砂浆配合比、抗冻防水合金粉掺量应经试验确定。

6.0.3 抗冻防水合金粉砂浆的原材料储存、计量及拌和应符合《预拌砂浆应用技术规程》JGJ/T 223的规定。

6.0.4 抗冻防水合金粉砂浆的施工应符合国家标准《地下工程防水技术规范》GB 50108的规定。

7 质量检验和验收

7.1 原材料检验与验收

7.1.1 抗冻防水合金粉产品进场时,供方须按规定批次提供型式检验报告、产品说明书、出厂检验报告或合格证等质量证明文件。

7.1.2 抗冻防水合金粉进场后,应按批进行复检,检验样品应随机抽取。

7.1.3 抗冻防水合金粉按每50 t为一检验批,不足50 t时也按一检验批计。每一检验批取样量不应少于0.2 t胶凝材料所需用的掺加量。每一检验批取样应充分、均匀,并应分为两等份。其中一份用于检验,另一份密封留样保持半年备检,有疑问时应进行对比检验。

7.1.4 抗冻防水合金粉进场检验的项目应包括外观、细度、含水率、氯离子含量、碱含量。

7.1.5 抗冻防水合金粉细度检验方法参照《水泥细度检验方法筛析法》GB/T 1345相关规定执行;含水率的检测方法按行业标准《砂浆、混凝土防水剂》JC 474的规定执行;薄片厚度参照行业标准《云母粉径厚比测定方法》JC/T 2063的规定;氯离子含量和总碱量的检测方法按《水泥化学分析方法》GB/T 176的规定进行。

7.1.6 抗冻防水合金粉与其他材料相容性的检测方法应符合附录A的规定。

7.1.7 抗冻防水合金粉的接触角测定方法应按附录B规定的方法进行。

7.1.8 抗冻防水合金粉混凝土其他原材料的检验应符合国家标

准《混凝土质量控制标准》GB 50164 的规定。

7.2 混凝土(砂浆)检验

7.2.1 在生产和施工过程中,应在搅拌地点和浇筑地点分别对混凝土拌合物进行抽样检验。

7.2.2 混凝土拌合物的检验应符合国家标准《混凝土质量控制标准》GB 50164 的规定,混凝土拌合物性能试验方法应符合国家标准《普通混凝土拌合物性能试验方法标准》GB/T 50080 的规定。

7.2.3 混凝土力学性能指标应按照国家标准《混凝土结构设计规范》GB 50010 取值,试验方法应按国家标准《普通混凝土力学性能试验方法标准》GB/T 50081 的规定进行。

7.2.4 抗冻防水合金粉混凝土性能应检验抗压强度比、透水压力比、吸水量比、冻融循环比和收缩率比。

7.2.5 混凝土的抗渗、抗冻融、早期抗裂、抗碳化、抗硫酸盐侵蚀、收缩、徐变等耐久性能应符合设计要求,试验方法应符合国家标准《普通混凝土长期性能和耐久性能试验方法标准》GB/T 50082 的规定,混凝土耐久性能检测评定应符合行业标准《混凝土耐久性检验评定标准》JGJ/T 193 的规定。

7.2.6 抗冻防水合金粉砂浆应检测抗压强度比、渗透高度比、吸水量比和收缩率比,试验方法参照行业标准《砂浆、混凝土防水剂》JC 474 的规定执行;还应检测抗冻融性能,试验方法应符合《建筑砂浆基本性能试验方法》JGJ 70 的规定。

附录 A 抗冻防水合金粉相容性快速试验方法

A.0.1 抗冻防水合金粉相容性快速试验方法参照国家标准《混凝土外加剂应用技术规范》GB 50119 附录 A 的规定,适用于抗冻防水合金粉与胶凝材料、细骨料和其他外加剂的相容性试验。

A.0.2 试验所有仪器设备应符合下列规定:

1 水泥胶砂搅拌机应符合现行行业标准《行星式水泥胶砂搅拌机》JC/T 681 的有关规定。

2 砂浆扩展度筒应采用内壁光滑无接缝的筒状金属制品(见图 A.0.2),尺寸应符合下列要求:

(1)筒壁厚度不应小于 2 mm;

(2)上口内径 d 尺寸为(50 ± 0.5)mm;

(3)下口内径 D 尺寸为(100 ± 0.5)mm;

(4)高度 h 尺寸为(150 ± 0.5)mm。

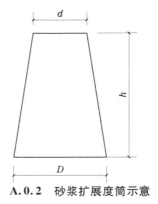

A.0.2 砂浆扩展度筒示意

3 捣棒应采用直径为(8 ± 0.2)mm、长为(300 ± 3)mm 的钢

棒,端部应磨圆;玻璃板的尺寸应为 500 mm×500 mm×5 mm;应采用量程为 500 mm、分度值为 1 mm 的钢直尺;应采用分度值为0.1 s 的秒表;应采用分度值为 1 s 的时钟;应采用量程为 100 g、分度值为 0.01 g 的天平;应采用量程为 5 kg、分度值为 1 g 的台秤。

A.0.3 试验所用原材料、配合比及环境条件应符合下列规定:

1 应采用工程实际使用的抗冻防水合金粉、水泥和矿物掺合料。

2 工程实际使用的砂,应筛除粒径大于 5 mm 以上的部分,并应自然风干至气干状态。

3 砂浆配合比应采用与工程实际使用的混凝土配合比中去除粗骨料后的砂浆配合比,水胶比应降低 0.02,砂浆总量不应小于 1.0 L。

4 抗冻防水合金粉砂浆初始扩展度应为(200±20)mm。

5 试验应在砂浆成型室标准试验条件下进行,实验室温度应保持在(20±2)℃,相对湿度不应低于 50%。

A.0.4 试验方法应按下列步骤进行:

1 将玻璃板水平放置,用湿布将玻璃板、砂浆扩展度筒、搅拌叶片及搅拌锅内壁均匀擦拭,使其表面润湿。

2 将砂浆扩展度筒置于玻璃板中央,并用湿布覆盖待用。

3 按砂浆配合比的比例分别称取水泥、矿物掺合料、砂、水及抗冻防水合金粉待用。

4 加水后立即启动胶砂搅拌机,并按胶砂搅拌机程序进行搅拌,从加水时刻开始计时。

5 搅拌完毕,将砂浆分两次倒入砂浆扩展度筒,每次倒入约筒高的 1/2,并用捣棒自边缘向中心按顺时针方向均匀插捣 15下,各次插捣应在截面上均匀分布。插捣筒边砂浆时,捣棒可稍微沿筒壁方向倾斜。插捣底层时,捣棒应贯穿筒内砂浆深度,插捣第二层时,捣棒应插透本层至下一层的表面。插捣完毕后,砂浆表面应用刮刀刮平,将筒缓慢匀速垂直提起,10 s后用钢直尺量取相互垂直的两个方向的最大直径,并取其平均值为砂浆扩展度。

6 砂浆初始扩展度未达到要求时,应调整抗冻防水合金粉的掺量,并重复本条第1~5款的试验步骤,直至砂浆初始扩展度达到要求。

A.0.5 试验结果评价应符合下列规定:

1 应根据抗冻防水合金粉掺量和砂浆扩展度经时损失判断抗冻防水合金粉的相容性。

2 试验结果有异议时,可按实际混凝土配合比进行试验验证。

3 应注明所用抗冻防水合金粉、水泥、矿物掺合料和砂的品种、等级、生产厂及实验室温度、湿度等。

附录 B 抗冻防水合金粉接触角试验方法

B.1 一般规定

B.1.1 本附录规定了抗冻防水合金粉接触角试验方法。

B.1.2 本附录试验原理是水滴在压实平整的抗冻防水合金粉试样表面达到平衡时,测量它们之间的接触角。

B.2 仪器设备

B.2.1 接触角测量仪由光源、光学系统、试样台和液体供应系统等部分组成。

B.2.2 光源可以是卤素、白炽灯,产生的热量不能影响试样或水滴。

B.2.3 光学观察系统可选择透镜或光学投影,配置能放大 6 ~ 30倍。

B.2.4 试样台应能使试样平整,水平放置。当移动试样以观察新的区域时,应尽量避开之前已润湿的区域。

B.2.5 液体供应系统使用手动的微量注射器。使用较小容量的例如 $100 \sim 250 \, \mu L$ 的微量注射器可精确地控制水滴体积。

B.2.6 试验用水:使用蒸馏水,并储存于干净的容器中。

B.3 试 样

B.3.1 本试验要求的试样为条状,最小尺寸为 25 mm × 300 mm。采用纯合金粉粉末,用板型器皿压成表面平整状态。

B.3.2 应注意保护好试样表面,不应触摸待测区域。

B.4 试验条件

常规试验无须特殊的测试条件。当进行实验室间的对比试验时,试验条件应与状态调节的条件相同。

B.5 试验步骤

试验步骤参照《塑料薄膜与水接触角的测量》GB/T 30693 第10章的规定执行。

B.6 计算、结果分析

计算、结果分析参照《塑料薄膜与水接触角的测量》GB/T 30693 第11章的规定执行。

B.7 试验报告

试验报告按《塑料薄膜与水接触角的测量》GB/T 30693 第13章的规定执行。

本规程用词说明

一、本规程编制时,对要求的不同严格程度采用不同的用词,说明如下:

1. 表示严格,非这样做不可的:

正面词采用"必须",反面词采用"严禁"。

2. 表示严格,在正常情况下均应这样做的:

正面词采用"应",反面词采用"不应"或"不得"。

3. 表示允许稍有选择,在条件许可时首先这样做的:

正面词采用"宜",反面词采用"不易"。

4. 表示有选择,在一定条件下可以这样做的采用"可"。

二、本规程条文中指定应按其他有关标准、规范执行时,写法为:"应符合……要求"或"应按……执行"。

引用标准名录

1.《混凝土质量控制标准》GB 50164
2.《混凝土外加剂应用技术规范》GB 50119
3.《普通混凝土拌合物性能试验方法标准》GB/T 50080
4.《普通混凝土力学性能试验方法标准》GB/T 50081
5.《普通混凝土长期性能和耐久性能试验方法标准》GB/T 50082
6.《地下工程防水技术规范》GB 50108
7.《塑料薄膜与水接触角的测量》GB/T 30693
8.《预拌混凝土》GB/T 14902
9.《混凝土结构设计规范》GB 50010
10.《混凝土结构耐久性设计规范》GB 50476
11.《混凝土结构工程施工规范》GB 50666
12.《大体积混凝土施工规范》GB 50496
13.《水泥细度检验方法 筛析法》GB/T 1345
14.《水泥化学分析方法》GB/T 176
15.《普通混凝土配合比设计规程》JGJ 55
16.《混凝土耐久性检验评定标准》JGJ/T 193
17.《砂浆、混凝土防水剂》JC 474
18.《建筑工程冬期施工规程》JGJ/T 104
19.《预拌砂浆应用技术规程》JGJ/T 223
20.《建筑砂浆基本性能试验方法》JGJ 70

河南省工程建设标准

混凝土（砂浆）用抗冻防水合金粉
应用技术规程

DBJ41/T 169—2017

条 文 说 明

目　　次

1 总 则

1.0.1 近些年,混凝土(砂浆)用抗冻防水合金粉在极端环境下耐久性要求的工程中得到广泛应用,在建设工程中也不乏应用案例,本规程的制定旨在规范混凝土(砂浆)用抗冻防水合金粉在建设工程中的应用,改善混凝土(砂浆)综合耐久性能,特别是抗渗、抗冻、早期抗裂等性能,确保工程质量。

1.0.2 抗冻防水合金粉不同于一般砂浆、混凝土防水剂,具有较为广阔的应用领域,涉及防水砂浆、防水混凝土的范围都可以使用,掺加抗冻防水合金粉的防水混凝土可在结构工程中使用,用于混凝土结构自防水,也可以作为单纯的防水层,在非结构的防水工程中使用。

1.0.3 本规程对抗冻防水合金粉的应用做出了具体技术规定,抗冻防水合金粉在混凝土(砂浆)中的应用,除应符合本规程外,尚应符合国家《混凝土质量控制标准》GB 50164、《混凝土外加剂应用技术规范》GB 50119、《混凝土结构加固设计规范》GB 50367、《地下工程防水技术规范》GB 50108 和行业标准《砂浆、混凝土防水剂》JC 474 等标准规范的规定。

2 术 语

2.0.1 ～ 2.0.3 混凝土(砂浆)用抗冻防水合金粉是一种多金属粉状固体薄片,分散于混凝土(砂浆)中,通过薄片阻挡和纤维牵引作用,显著降低混凝土(砂浆)渗水或因渗水而引起的冻融破坏。本章规定了这种新型材料的专用术语,并进行了说明。

3 基本规定

3.0.1 抗冻防水合金粉的选用,根据设计中改善混凝土耐久性能、提高抗渗等级、提高抗冻等级等选择,使用者应根据具体工程对混凝土质量要求使用抗冻防水合金粉。

3.0.2 相容性是用来评价抗冻防水合金粉与混凝土原材料共同使用时是否能够达到预期效果的指标。若能达到预期效果,其相容性较好;反之,其相容性较差。当抗冻防水合金粉相容性较差时可表现为:混凝土原材料质量波动、配合比差异、施工温度变化等诸多因素的影响,新拌混凝土可能出现增稠增黏、流动度保持性不够、离析泌水等问题,严重时影响施工,甚至造成工程质量事故。

水泥熟料的不同矿物组成、混合材及石膏品种和掺量、碱含量差异等对抗冻防水合金粉的性能影响不同。

水泥中混合材的品质及掺量对抗冻防水合金粉也有一定影响。

如果水泥中的碱含量过高,就会使水泥凝结时间缩短,使混凝土流动性降低、经时损失增大。

综上所述,抗冻防水合金粉掺量应根据工程材料和施工条件通过试验进行确定。

3.0.3 由于我国混凝土外加剂品种多样,功能各异,当不同供方、不同品种的外加剂同时使用时,有可能会产生复合作用或相容性不好的问题,造成混凝土凝结时间异常、含气量过高或对混凝土性能产生不利影响。

3.0.8 环境保护、大气治理、节能减排越来越深入人心,抗冻防水合金粉的应用应符合相关规定。

4 材料性能

4.0.1 抗冻防水合金粉是一种无机憎水粉体材料,在微观下是一种多金属粉状固体薄片,外观混合均匀、无杂质、无结块。

抗冻防水合金粉具有较好的抗水渗透性能,此规程规定抗冻防水合金粉不仅应满足行业标准《砂浆、混凝土防水剂》JC 474 第4.2 条、4.3 条中一等品的要求,还应满足表 4.0.1 的要求。

接触角是指在气、液、固三相交点处所作的气 – 液界面的切线穿过液体与固 – 液交界线之间的夹角 θ,是润湿程度的量度。此技术指标的设定,是为了反映抗冻防水合金粉不被水润湿的性能,具体检测方法按附录 B 的规定进行。

5 抗冻防水合金粉混凝土

5.1 性　能

5.1.3 基准混凝土即不掺抗冻防水合金粉的对比试验用的混凝土。

5.1.4 碱含量高有可能产生碱－骨料反应。混凝土碱－骨料反应是指来自水泥、外加剂、环境中的碱在水化过程中析出 NaOH 与骨料(指砂、石)中硅酸盐相互作用,形成碱的硅酸盐凝胶体,致使混凝土发生体积膨胀呈蛛网状龟裂,导致工程结构破坏。

5.2 配合比确定

5.2.1 配合比在其他材料不变情况下,水胶比与混凝土强度是反比线性关系,水胶比大混凝土强度低,混凝土拌合物容易离析、泌水,质量难以保证。

5.2.2 推荐掺量是经大量试验和工程实践中得到的经验值,该值可作为配合比设计和试配的初始参考值,应采用工程实际使用的原材料和配合比。考虑实际工程中采用的材料、工艺、环境条件等差异,掺量可能亦有差异,故最终掺量应经试验确定。

5.3 施　工

5.3.1-1 抗冻防水合金粉与其他材料性能差异较大,混装易引起质量事故,应标识清晰并分别存放;抗冻防水合金粉的包装在高温、阳光直射条件下应采取遮阳措施,防止包装老化、粉化。

5.3.1-6 混凝土拌合物是经设计、试验取得的配合比拌制而成的,材料组成有严格比例,随意加水将增大水胶比,易影响混凝土拌合物性能、混凝土强度和耐久性能。

5.3.2-1 抗冻防水合金粉的应用效果与混凝土原材料品质和配合比有关。砂石含水量对混凝土用水量影响较大,在抗冻防水合金粉掺量不变的情况下用水量增大会使混凝土产生离析、泌水等问题,混凝土强度受影响较大;含泥量较高时,宜事先对砂石进行冲洗,控制含泥量;与机制砂共同使用时,应控制机制砂的石粉含量,石粉中泥较多时,对混凝土力学性能、长期综合性能和耐久性能影响较大。

5.3.2-4 抗冻防水合金粉在混凝土中的分散是一个渐进过程,因此应适当延长混凝土搅拌时间。强度等级 C60 及以上的混凝土,胶凝材料较多,混凝土拌合物黏稠,应适当延长搅拌时间。表5.3.2-4参照《混凝土质量控制标准》GB 50164 规定,结合抗冻防水合金粉自身特点,对投料和搅拌时间做出规定。

5.3.2-5 参照《混凝土质量控制标准》GB 50164 对掺加抗冻防水合金粉的混凝土运输条件做出规定。

5.3.3-1 施工缝易产生混凝土宏观物理缺陷,是防水工程的薄弱环节。本规程主张混凝土宜连续浇筑,不留施工缝;掺加抗冻防水合金粉的混凝土在浇筑后的一段时间内是不呈现憎水性的。实际工程中,由于设计或施工需要,并不能杜绝所有的施工缝。对必须留置施工缝的,应在混凝土憎水性呈现前完成浇筑,以保证二次浇筑混凝土与先期混凝土的结合。施工缝留置时间超过混凝土憎水呈现时间的,不采取结合措施难以保证二次浇筑混凝土与先期混凝土的结合,故对留置时间过长的施工缝提出结合措施的要求。

正文中施工缝留置时间过长是指后期混凝土浇筑时先期浇筑混凝土已经呈现憎水性的状况。

并非所有的界面剂都适用于有憎水性的混凝土,使用的界面剂是否能满足使用要求,需经试验验证。

5.3.3-5 大风、阳光直射会加速混凝土水分蒸发,影响混凝土正常水化反应,降低混凝土强度,并易造成混凝土表面开裂。

6 抗冻防水合金粉砂浆

6.0.1 基准砂浆即不掺抗冻防水合金粉的对比试验用的砂浆。

6.0.2 单项工程的设计要求、使用条件、工作环境各不相同,推荐的掺量与实际工程可能存在差异。本条对抗冻防水合金粉掺量提出试配要求。

6.0.3 参照《预拌砂浆应用技术规程》JGJ/T 223 中湿拌砂浆制备的内容对原材料储存、计量及拌和做出规定。